防雷减灾科普系列

# 农村防雷科普手册

主编：王小飞　贺　姗

编委：史雅静　余　蓉

邳　莹　冯又华

气象出版社
China Meteorological Press

# 内容简介

农村雷灾的防范一直是防雷工作的重点和难点，本书以科普的形式，从雷电谚语和农民关心的三个案例，引出了雷电的一些基本知识，以及常见的知识误区。然后通过通俗易懂的语言和图文并茂的形式，介绍了雷电的危害形式和特征，以及产生危害的原因。接下来重点介绍了雷电防护技术、雷电分布特征和避雷要领，以及雷击后的应急措施等相关知识。本书旨在提高农民的防雷减灾意识，是一本宣传普及农村防雷科学知识和灾害防御知识的有趣读本。

**图书在版编目（CIP）数据**

农村防雷科普手册 / 王小飞，贺姗主编. -- 北京：气象出版社，2022.6
（防雷减灾科普系列 / 余蓉主编）
ISBN 978-7-5029-7723-8

Ⅰ. ①农… Ⅱ. ①王… ②贺… Ⅲ. ①农村—防雷—手册 Ⅳ. ① P427.32-62

中国版本图书馆 CIP 数据核字 (2022) 第 100168 号

农村防雷科普手册
Nongcun Fanglei Kepu Shouce
王小飞　贺　姗　**主编**

**出版发行：**气象出版社
**地　　址：**北京市海淀区中关村南大街 46 号　　**邮政编码：**100081
**电　　话：**010-68407112（总编室）　010-68408042（发行部）
**网　　址：**http://www.qxcbs.com　　**E-mail：**qxcbs@cma.gov.cn
**责任编辑：**张锐锐　郝　汉　　**终　　审：**吴晓鹏
**责任校对：**张硕杰　　**责任技编：**赵相宁
**封面设计：**樊润琴
**印　　刷：**北京建宏印刷有限公司
**开　　本：**710 mm×1000 mm　1/16　　**印　　张：**1.5
**字　　数：**30 千字
**版　　次：**2022 年 6 月第 1 版　　**印　　次：**2022 年 6 月第 1 次印刷
**定　　价：**9.00 元

# 前 言

雷电是伴有闪电和雷鸣的一种常见天气现象，具有瞬时高电压、大电流、强电磁辐射等特征，常会对人、畜、农作物、建筑物、仪器设备等造成危害。雷电灾害是最严重的十种自然灾害之一，被称为“电子时代的一大公害”。浙江省临海市杜桥镇、重庆市开县小学、浙江省温州市“7·23”甬温线、辽宁省抚顺市石化石油三厂和湖北省十堰市火车站小商品市场等重大雷灾事故的发生，严重威胁着人们的生命和财产安全。据不完全统计，我国每年因雷击造成的人员伤亡达3000~4000人，财产损失在50亿~100亿元人民币。

雷电无情，防范有术。东周时期《庄子》对雷电已有初步的认识，后各朝代采用避雷室、蚩尾、雷公柱、塔刹等措施防御雷电。自200多年前富兰克林发明避雷针（接闪杆）以来，建筑和工业设施遭受直接雷击损害的概率大大降低。二十世纪中叶以后，随着社会经济的发展和现代化水平的提高，特别是电子信息技术的快速发展，闪电感应和闪电电涌侵入造成的经济损失及社会影响已越来越大。为进一步普及防雷减灾知识，湖北省防雷中心组织编写了《我是雷电》《农村防雷科普手册》《城市防雷避险手册》系列丛书，面向不同群体介绍雷电基本知识和防雷避险的常见方法，旨在提高受众的自我保护和防范能力，筑牢防雷减灾第一道防线。

丛书编写组

2022年4月

# 目录

# 雷电谚语

雷电是一种常见的自然现象，亘古有之，人们通过长期的生活实践，在全国各地流传下来了许多生动形象又富有哲理的雷电谚语，这些谚语是老祖宗留下来的经验智慧。经过气象工作者的科学考证，多数雷电谚语的背后都有一定的科学道理。

（图源：视觉中国）

**根据闪电方向总结出天气状况的，如：**

- 南闪火门开，北闪有雨来。
- 电光西南，明日炎炎。
- 电光西北，下雨涟涟。
- 东南方向闪电晴，西北方向闪电雨。
- 南闪晴，北闪雨。

**根据雷声判断天气状况的，如：**

- 雷声闷沉沉，天气难得晴。
- 雷公先唱歌，有雨也不多。
- 雷打天顶，有雨不狠；
  雷打天边，大雨涟涟。
- 先雷后雨，下雨不过瓢把水。
- 炸雷雨小，闷雷雨大。

## 谚语解读

- 看到闪电发生在北方时，说明即将下雨。
- 东闪西闪，多是局地雷雨，依旧天气炎热。
- 当东南方向有闪电时，一般仅能看到电光，听见雷声，但不会降雨。
- 当听到雷声很闷沉，打雷开始后雨水会比较大，持续时间也会较长。
- 雷声很响亮，一般雨水较少。
- 在天顶听到雷声的，雨区范围小、持续不长久；而在天边听到雷声的，雨较大、持续时间也长。

**还有很多谚语与人们生产生活息息相关，如：**

惊蛰未到先打雷，大路未干雨就来。(浙江义乌)

惊蛰在阳历三月六日，此时江南丘陵地区即将进入春雨季节，如果出现“雷打惊蛰前”，说明那年的春雨来得早，雨水充足。

时里三雷，米谷成堆；时里无雷，秕谷成堆。(江苏常州)

三时在夏至之后，这是最热的天气，也是稻田区需水最切之时。这时候的雨，以雷雨为主。所以说“时里三雷，米谷成堆”。反之，如果时里没有雷，雨水太少，不免有旱魃成灾，以致“秕谷成堆”了。

雷打惊蛰前，高山顶上也种田；雷打惊蛰后，烂泥地里也种豆。（陕西武功）

惊蛰以前响雷，说明暖湿空气活跃得早，春雨就可能来得早，雨水比较充足，连高山都可以作田了。惊蛰以后响雷，说明春雨来得比较迟，到了栽种季节缺雨，连低田的烂泥地里也只能改种旱作物了。

# 趣味问答

## 雷电是来自雷公电母发怒吗？

雷公和电母是神话传说中的一对天神。他们二人司掌天庭雷电，传说雷公视力差，难辨黑白，夫人电母寸步不离，捧着镜子，先行探照，明辨是非善恶后，雷公才行雷。电母和雷公成了天生的一对。雷公面目狰狞，背上有翅膀，前额有三只眼，脸红得像猴子，下巴又长又尖，脚像鹰爪，手持槌楔，而电母相貌端雅，手持双镜。他们一旦作法，就乌云密布，狂风大作，飞沙走石，电母射出耀眼的利剑，雷公向石龟投下一个大响雷，只听得“轰隆”震耳的一声巨响，恶人便身首异处。

雷公电母，是中国古代神话中的两位神仙，能辨人间善恶，代天执法，击杀有罪之人，主持正义。这其实是人们对自然现象的无知和对其威力的膜拜。

（图源：视觉中国）

### 知识窗

- 雷电，是自然界中一种常见的放电现象。当云与云、云与地或者云体内各部位之间发生击穿时，产生强烈放电，巨大的电流传导产生出一道明亮夺目的光，这便是闪电。
- 在短时间内，窄狭的闪电通道上要释放巨大的电能，因而形成强烈的爆炸，产生冲击波，然后形成声波向四周传开，这便是雷声。
- 雷电出现时，常伴有强烈的阵风和暴雨，有时还伴有冰雹和龙卷。

## “前方雷区，请自带避雷针”，这种说法正确吗？

这种做法其实是非常危险的，不但不能避雷，反倒是会“引雷上身”。

避雷针从本质上讲是引雷针，它利用尖端放电原理，主动建立云地放电通道，将周围可能发生的雷电引到自己身上并将其能量释放入大地。避雷针在引雷过程中，可能引起高电位反击、跨步电压和接触电压等危险，因此人们应当避而远之（要求间隔距离不小于 3 米）。

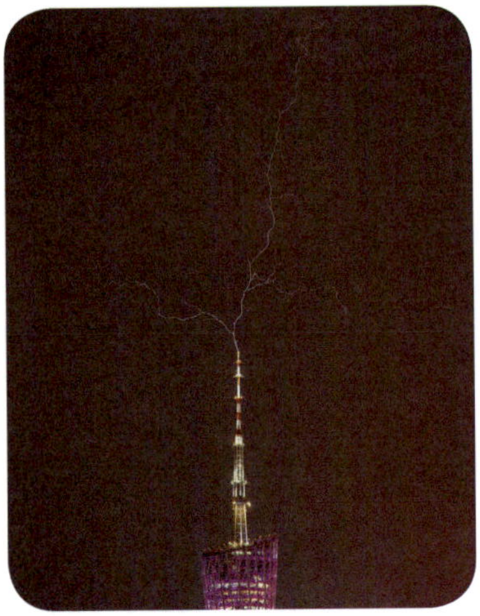

（图源：视觉中国）

### 知识窗

- 雷雨天气时，应该远离防雷装置，如接闪杆、接闪带、接闪线、接闪杆塔或防雷引下线等。
- 雷雨天气时，也应远离一切类似防雷装置的建（构）筑物或设施设备，如高耸、孤立的建（构）筑物，大树，电线杆，烟囱，外墙柱子或金属门窗等。
- 雷雨天气时，还要避免自己成为避雷针。打雷期间，不要在山顶、高丘、屋顶和水面上逗留，也不要在空旷的田野、广场上行走或站立。

### 典型案例

2020 年 3 月 25 日，湖北省公安县某村 5 名村民去鱼塘打鱼，遇大雨，在奔跑躲雨途中遭遇雷电袭击，造成 1 人死亡。

## “打雷下雨时，赶紧躲在大树底下”，这种做法正确吗?

大树属于孤立物，并且含水丰富，是良好的导体，因此可被视作“低配版的避雷针”。它被雷电击中的概率比人要大得多，一旦雷电击中大树，树木躯干出现高电压，可能对周围人或物产生击穿放电，造成伤害。

（图源：http://www.cma.gov.cn/2011xzt/2015tgmb/202205/t20220513_4826847.html）

树木遭受雷击后，受短时电流加热，内部水分受热蒸发产生大量水汽，压缩空气形成爆炸，造成大树断裂，可能会砸伤路人。

为了安全起见，下雨天应该尽量躲进有防雷装置的室内或山洞内，不要靠近大树或在大树下行走。

### 典型案例

2018 年 8 月 1 日下午，云南省丘北县某村 7 名儿童到养殖场后山上捡菌子，雷电暴雨来临时，7 名儿童一起到树下避雨，遭遇雷击，造成 4 名儿童当场死亡，3 名儿童受伤。

2004 年 6 月 26 日，浙江省临海市发生雷击事故，雷电击中了紧挨着的几棵大树，树下玩牌及围观的群众有多人被击倒。事故造成了 17 人死亡、13 人受伤的惨剧。

### 知识窗

- 闪电的平均电流是3万安培，最大电流可达30万安培。闪电的电压很高，为1亿~10亿伏特。一个中等强度雷暴的功率可达1000万瓦特，相当于一座小型核电站的输出功率。

# 雷电危害

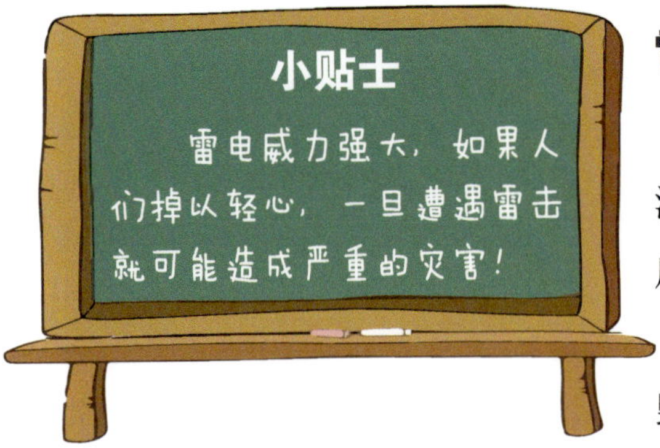


## 雷电会引发什么危害呢？

雷电产生的高温、猛烈的冲击波以及强烈的电磁辐射等物理效应，能在瞬间产生巨大的破坏作用。

雷电常常会造成人员伤亡，击毁建筑物、供配电系统、通信设备，引起森林火灾，引发计算机信息系统中断，造成仓储、炼油厂、油田等燃烧甚至爆炸，危害人身生命及财产安全，对航空航天运载工具等也有很大威胁。

雷击房屋损坏

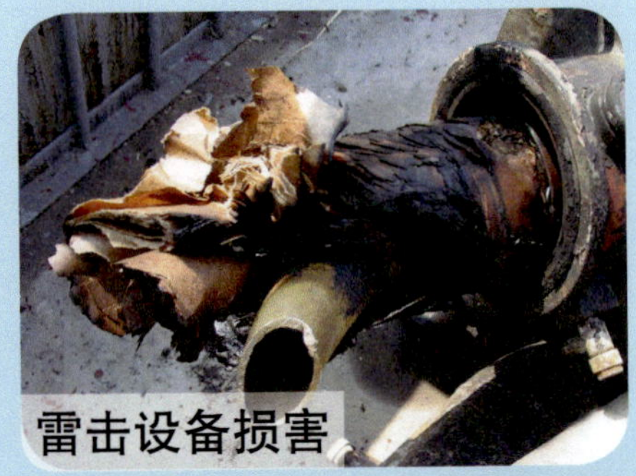
雷击设备损害

雷击大树受损

雷击避雷器损坏

## 雷电造成危害的主要形式有哪些呢？

雷电的危害一般分为两类：

一是直击雷的危害，即雷击直接发生在建（构）筑物上；

二是雷击电磁脉冲的危害，即雷电的二次作用。

## 直击雷的具体危害表现又是什么呢？

- 雷电流的热效应会产生大量热能，尤其在雷击点位置热量得不到及时传导，温度会更高，可导致金属熔化，引发火灾或爆炸等。
- 雷电流的电磁感应会在雷击点周围产生强大的交变电磁场，其感应出的电流可引起电器局部过热而导致火灾。
- 雷电流的机械效应主要表现为被雷击中的物体发生爆炸、扭曲、崩溃、撕裂等现象，导致财产损失和人员伤亡。

### 典型案例

2007 年 5 月 23 日下午，雷电突然击中重庆市开县某小学教室的金属窗。由于该金属窗未做接地处理，雷电流无处泄放，靠近窗户的学生就成了雷电流泄放入地的通道，导致正在上课的两个班级的 51 名学生被雷电击中，其中 7 人当场身亡，44 人不同程度受伤。

2022 年 5 月 28 日，甘孜州石渠县德荣玛乡某村村民在采挖虫草时，遭受雷击，造成 7 人死亡，死者周围发现金属农具。

## 典型案例

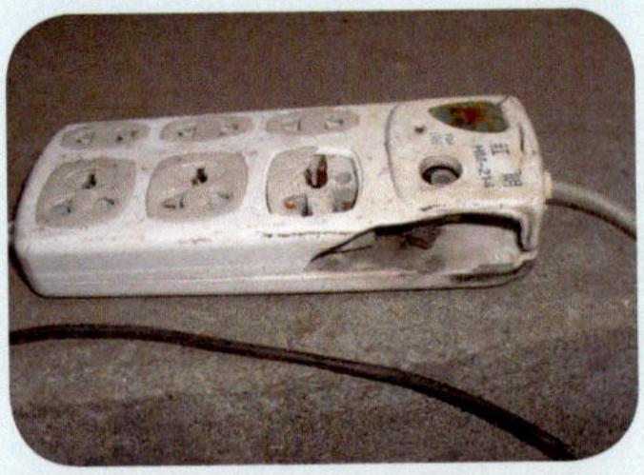

2016年4月6日，湖北省松滋市某村20多户同时遭雷击，受损最多的是房屋及家用电器（如灯管、电视、热水器和插座等），所幸没有人员伤亡。

如此诡异的事情还不止一次发生。只要到了雷雨季节，村民家里的电器都会遭殃，有位村民说：“年年买电视，年年被雷击。”

## 雷击电磁脉冲的主要危害表现又是什么呢?

● 雷电流会产生高达数万伏甚至数十万伏的冲击电压，如此巨大的电压瞬间冲击电气设备，足以击穿绝缘，使设备发生短路，导致燃烧、爆炸等直接灾害。

● 闪电电涌的侵入和防雷装置上的高电压对建筑物的反击作用，也会引起配电装置或电气线路短路而燃烧，导致火灾。

● 闪电静电感应是雷云附近的导体在雷云的作用下，感应出与雷云电性相反的电荷的现象。雷云主放电时，先导通道中的电荷迅速中和，导体上的感应电荷得到释放，如果没有就近泄入地中，便会产生很高的电位，从而引发火灾。

# 雷电防护技术

## 小小风筝实验，揭露闪电本来面目

风筝本是孩子们的玩具，富兰克林却用风筝捕捉到了闪电。它的意义如同“牛顿的苹果”一般伟大，揭露了闪电的本质，开启了现代防雷技术的大门。

18世纪中叶，人们对电的了解还不多，对天上的雷电更是满腹疑团。人们对雷电充满了恐惧和疑惑。1752年的一天，美国费城下了一场大雷雨，46岁的富兰克林领着儿子来到牧场，他们把装有铁丝和金属钥匙扣的风筝抛向天空，不一会儿，风筝就飞上了高空。富兰克林父子俩躲在一块屋檐下观察着。闪电出现了，“啪！”闪电击中了风筝框上的金属丝，亚麻风筝线上的纤维顿时直竖起来，而且能够被手指吸引。富兰克林用食指靠近钥匙环，骤然间，一些电火花从他食指上闪过，与莱顿瓶产生的电火花是一样的。富兰克林抱起儿子大喊：“电！天电捕捉到了。”（此实验危险，切勿模仿）

## 现代防雷技术系统

雷电虽然可怕，但随着人类科技的不断进步，现在已经有了一套行之有效的防护办法，即现代防雷技术系统。这套防雷系统包括接闪、分流、接地、屏蔽、合理布线、等电位连接和过电压保护等。

简单来说，对于直击雷防护，需要一套完整的防雷装置，包括接闪器、引下线和接地装置。其中，用于拦截闪电的接闪杆、接闪带、接闪线、接闪网以及金属屋面、金属构件等都是接闪器。它们都是利用其高出被保护物的突出地位，把雷电引向自身，然后通过引下线和接地装置把雷电流泄入大地，以此保护被保护物免受雷击。

线路应该通过合理布线和加装电涌保护器（SPD）进行防雷保护。合理布线包含线路躲避、减小线路成环面积和线路屏蔽接地等措施，如躲避雷电易发区域、避免架空线路入户、做好线路铠装层接地或穿金属管敷设等。加装电涌保护器的作用是使电力系统或电子线路中各设备免受雷电过电压、过电流，操作过电压，工频暂态过电压等冲击损坏；当出现雷击过电压时，装置与地之间由绝缘变成导通，并击穿放电，将雷电流或过电压引入大地，起到保护作用。

接闪带、接闪杆塔、引下线和接地装置为直击雷防护措施，应按标准要求做好焊接和防腐措施。

进出建筑物的电源和信号线路，应埋地敷设且做好屏蔽措施。

天面太阳能热水器、金属屋面、水箱等应与接闪装置做好等电位连接。

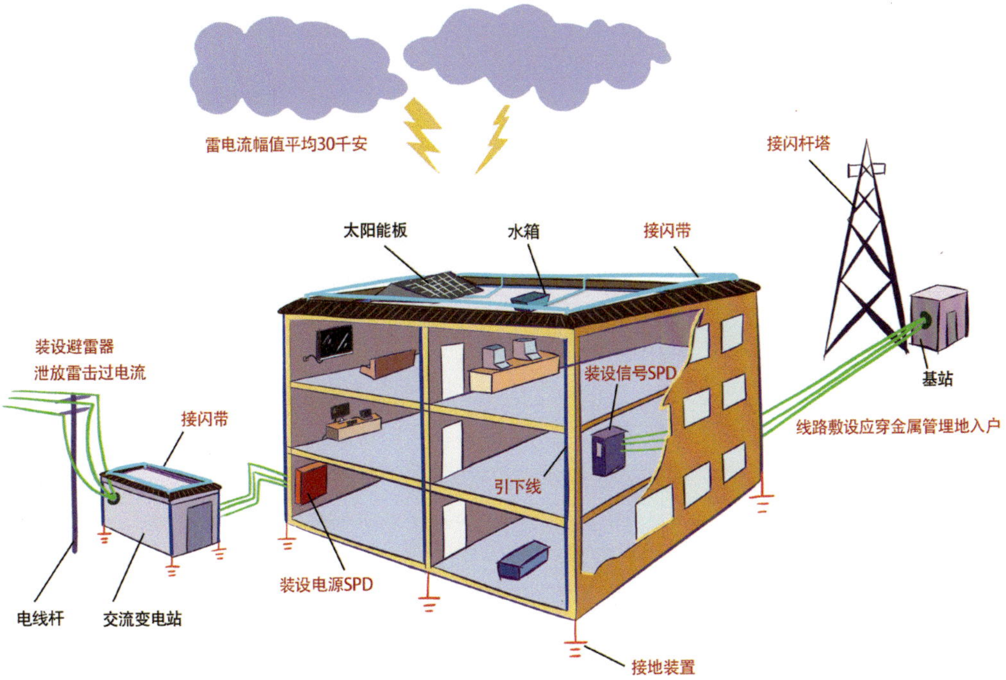


电源 SPD、信号 SPD 应选择适配型号，两端引线应尽量保证短、直、平敷设。

接闪器所用材料应该能满足机械强度和耐腐蚀的要求，还应该有足够的热稳定性，以便能承受雷电流的热破坏作用。

## 看看你身边有这些防雷装置吗?

接闪杆

引下线

接闪带

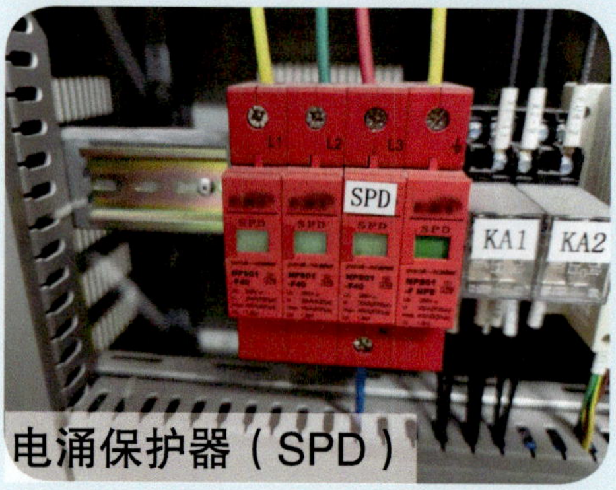

电涌保护器（SPD）

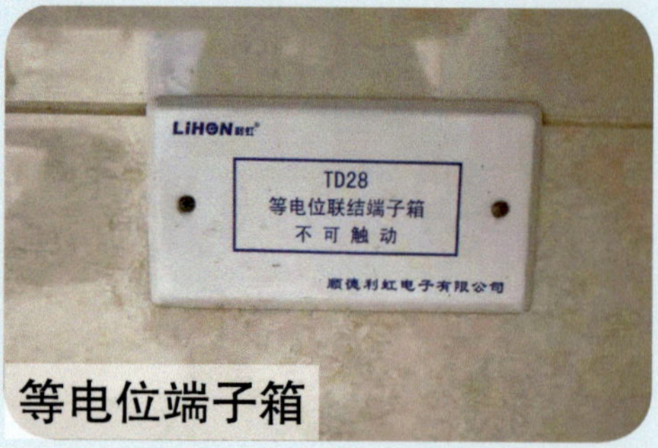

等电位端子箱

除上图中的防雷装置外，通常可以见到的还有接闪线、接闪塔、接闪网格、接地装置、屏蔽管和等电位连接导体等。

## 农村防雷装置常见问题

### 典型案例1

自制防雷装置不规范，反而容易“引雷上身”。

自制避雷针未有效接地处理

### 典型案例2

在屋顶安装水箱、太阳能热水器等设施，往往没有接地处理，存在很大的安全隐患。

突出屋面的太阳能板、水箱、金属层面未做接地处理

### 典型案例3

据测算，有金属屋面的建筑物接闪概率是一般建筑物的 1.7 倍；若未采取相关防雷接地措施，将极易造成雷击损害。

屋顶金属彩钢房无防雷措施

# 雷电分布

**全国的雷电分布情况，看这张图就了解啦！**

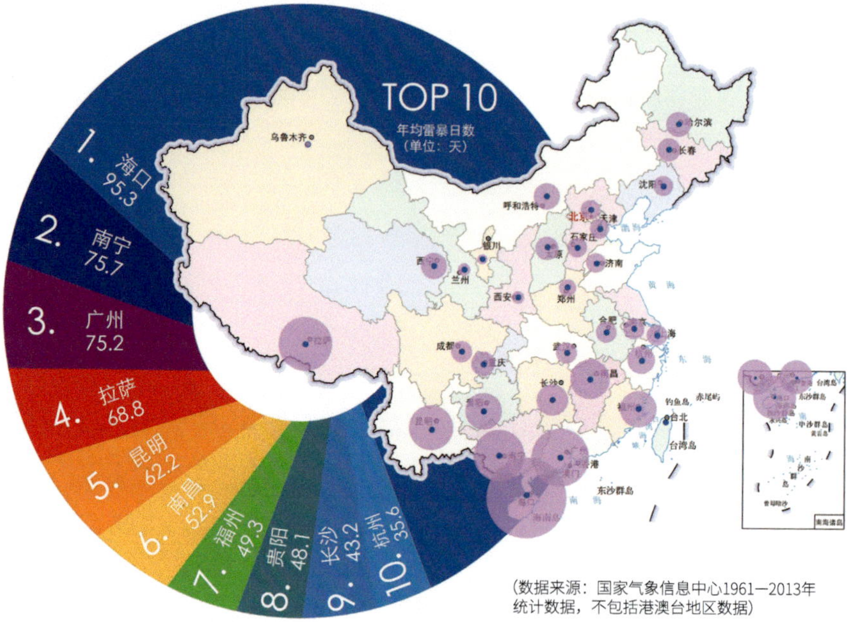


（数据来源：国家气象信息中心1961—2013年统计数据，不包括港澳台地区数据）

## 分布解读

华南、云贵川渝地区雷电活动最频繁，尤其是广东省和海南省；华北、江淮、江南、东北、内蒙古以及西北地区中部和西北地区东部雷电活动较多；西北地区西部和西藏地区西部雷电活动最少。

## 一年四季，哪个季节最需要防雷？

### 分布解读

从全国范围来讲，夏季(6—8月)雷电活动最为频繁，春季(3—5月)次之，然后是秋季(9—11月)，冬季(12月到次年2月)则最弱。

夏天近地层升温快，大气层结极不稳定，时常雷嗔电怒；冬天大气稳定，则很少出现电闪雷鸣。

## 一天中，哪些时段是雷电活动高峰期？

### 分布解读

一天中，13—21时是雷电出现的集中时段，其中15—17时最突出。

## 在农村，哪些地方更容易发生雷灾事故？当心农田！

### 分布解读

据统计，我国雷灾事故中93%的死伤者与农业农村有关，这是因为：

- 农村房屋普遍缺少较为完善的防雷装置；
- 农民多在农田、鱼塘、山坡等易遭雷击地点从事农业生产活动；
- 农民对雷电的认识和安全意识较为淡薄。

# 避雷要领

## 什么样的地点易遭雷击？

**建（构）筑物或物体：**

- 高耸的建（构）筑物，如水塔、电视塔、高耸的广告牌等。

- 建筑物屋面的突出部位和物体，如电视天线、烟囱、管道、太阳能热水器、旗杆和围栏等，还有屋脊和檐角等。

- 排出导电尘埃、废气热气柱的厂房、管道等。

- 孤立、突出在旷野的建筑物以及自然界中的树木等。

**地区：**

- 海拔高、空旷或山谷风口等地方，如地势较高的旷野地区。
- 土壤含有导电物质的区域也要格外小心，如有金属矿床的地区、河床、地下水出口处、山坡、山脚下、水边等。
- 土壤电阻率畸变的位置，如岩石与土壤、水面与陆地、山坡与田地等交界处。

## 关于室外防雷，大家要注意些什么呢？

### 当在路上行进时

● 应远离防雷装置，不驾驶摩托车、不骑自行车赶路，打雷时勿狂奔。

### 当在游泳或水面作业时

● 应立刻上岸，若是在大的船上，也应躲到船舱内，找机会尽快上岸。

### 当在农田、山地和屋顶等处时

● 应迅速躲入有防雷装置保护的建筑物、山洞等安全场所内。

### 当无合适的避雷场所时

● 应远离树木、电线杆、烟囱等高耸孤立的物体。

● 应远离输配电线、架空电话线缆等。

● 尽量避开岩石断层处、掩埋管道的地面出口、水陆交界处等。

● 头顶电闪雷鸣时，应找个地势低的地方，降低重心，减少与地面的接触面积。可蹲下，双脚并拢，手放膝上，身向前屈，临时躲避。最好将身上的金属物摘下，放在几米距离外，尤其要将金属框眼镜取下。

## 切忌

- 躺在地上，或躲在大树下。
- 在铁栅栏、金属晒衣绳等金属物体以及铁轨附近停留。
- 进入无防雷装置的野外棚屋、岗亭等低矮建筑物。
- 把铁锹等农具扛在肩上。
- 使用有金属尖端的雨伞。

## 关于室内防雷，大家也要多多注意！

- 关闭好门窗，尽量远离金属门窗、幕墙、有电源插座的地方等。
- 在室内不要靠近、更不要触摸任何金属管线，包括水管、暖气管、煤气管等。
- 房屋如无防雷装置，在室内最好不要使用任何家用电器，包括电视机、计算机、有线电话等，最好拔掉所有的电源插头。在雷雨天气不要使用太阳能热水器洗澡。

## 做好房屋的选址工作，也能够有效避雷！

- 尽量远离容易发生雷击的地区。
- 房屋周围有树木的，宜保持5米远的距离。
- 有条件可装设防雷装置，如接闪器、引下线和接地装置等。

## 一旦遭到雷击，该怎么做？

- 雷电的瞬时电压极高，为1亿~10亿伏特，脉冲电流可达20万~25万安培，可在短时间内产生大量的热量。但雷电造成的伤害一般也是瞬时的，不具备后续伤害，可放心施救。
- 出现雷电伤人事件后，市民在打“120”电话求助的同时，对于轻伤者，应立即转移到附近避雨避雷处休息；对于重伤者，要立即就地进行抢救，迅速使伤者仰卧，并不断地做人工呼吸和心肺复苏，直至呼吸、心跳恢复正常为止。

## 快看！天气预报发布雷电预警信号了，还是谨慎为妙！

如何更好地预防雷电危害？提前知道雷电发生的时间、地点和强度很重要！因此，希望大家多多收听、收看天气预报，关注雷电预警信号提示等。

**黄色预警：**

6 小时内可能发生雷电活动，且可能造成雷电灾害事故。

**防御指南：**

- 尽量避免户外活动；
- 已在户外人员尽快返回家中或待在安全场所；
- 注意接收后续的天气预警信号。

**橙色预警：**

2 小时内发生雷电活动的可能性很大，或者已经受雷电活动影响，且可能持续，出现雷电灾害事故的可能性比较大。

**防御指南：**

- 停止户外活动；
- 已在户外人员不要在树木、塔吊、变压器等下面以及孤立的棚子、凉亭内避雨，应尽快返回家中或待在安全场所；
- 密切注意后续的天气预警信号。

**红色预警：**

2 小时内发生雷电活动的可能性非常大，或者已经有强烈的雷电活动发生，且可能持续，出现雷电灾害事故的可能性非常大。

**防御指南：**

- 尽量躲在有防雷设施的建筑物内，并关好门窗；
- 远离电线等带电设备和其他类似金属装置；
- 切勿接触天线、水管、铁丝网、金属门窗等，尽量不要使用无防雷装置或者防雷装置不完备的电视、电话等电器。